丽塔的第一次

太空之旅

[西]吉娜·桑巴/文　　[西]马尔塔·坦萨/图　　张锦兰/译

江西高校出版社

朋友们，大家好！

我是丽塔。我会在这本书里给你们讲一讲我第一次太空旅行的经历。

故事是这样的：一天，姑姑给我打电话，说她联系不到我堂哥拉蒙——他不在南极了，可能已经乘太空探测器去了太阳系中某个遥远的地方。

我完全不知道拉蒙在哪里。我最后一次看见他时，他正在南极分析冰下的生物。对于他的行踪，我特别好奇，我决定去寻找他。

出发前，姑姑给我看了拉蒙给她发的最后一条信息，这也许是一条寻找拉蒙的线索。我告诉姑姑不要担心，我会找到拉蒙的。我答应她一旦找到拉蒙就给她打电话。

你们知道我堂哥在哪里吗？

跟我一起出发，去找找他吧。

在这张星际地图上，能看到我的旅行路线。

太空旅行太不可思议了，我永远都不会忘记这次经历。我把它写在了这本书里。

快跟着我一起，踏上这趟神奇的太空之旅吧！

丽塔

火星

金星

月球

地球

海王星

土星

天王星

水星

木星

拉蒙：

　　我接受了一项非常重要的特殊任务。

　　我将带着充足的食物在失重条件下生活一段时间。我回来再给您打电话。爱您。

姑姑：

　　你要照顾好自己，我也爱你。

宇宙

宇宙

宇宙是万物的总称。它浩瀚无垠，我们现在对它还没有完全了解。

宇宙由地球、太阳、岩石碎块和尘埃等各种各样的物质组成。

星体是一个由气体和尘埃组成的球体。

众多星体形成了宇宙。宇宙中存在数不清的星体。

大爆炸

约140亿年前，发生了"大爆炸"，宇宙形成。

什么是星系？

星系由许多星体、尘埃共同组成，它们排列成不同的形状。

仙女座星系是离我们最近的星系，但距离也有200多万光年。

什么是银河系？

开始寻找拉蒙之前，我要先知道什么是宇宙。它太大了，我都不知道该从哪里开始了解。

第一次太空旅行

宇宙很神秘，人类一直盼着能更深入地了解宇宙。

人类在研制出第一枚火箭之前，就已经开始用望远镜探索太空了。

小狗"莱卡"

莱卡是第一个进入太空的地球生物，它乘坐的是苏联斯普特尼克2号卫星。之后又有许多动物陆续被送往太空。

1926年，美国成功发射了世界上第一枚火箭。从此，人类开始用火箭来探索太空，探测宇宙中是否有其他生命存在。

宇宙浩瀚无垠，而且非常有趣！

什么是火箭？

火箭是一种携带多个强大发动机的运载工具，它可以穿过地球的大气层，飞向太空。

火箭并不像汽车那样使用汽油发动，而是使用一种更强劲的燃料——火箭推进剂。

火箭的用途是什么？

火箭可以用来发射探索太空的卫星，还能发射空间站。宇航员可以在空间站中生活很长时间。

哈勃空间望远镜

哈勃空间望远镜是太空望远镜，可以提供更直接、更敏锐的太空光学影像。

丽塔：

我确定拉蒙已经登上火箭飞往太空了，用哈勃空间望远镜能看到他吗？我想知道更多的信息。

姑姑：

如果你仔细寻找，一定会找到我的小拉蒙。

第一位进入太空的人

加加林

加加林是第一位进入太空的人。他是一名苏联宇航员，乘坐宇宙飞船以28000千米/小时的速度返回地球。

答：重力是一种把我们推向地心的力量，让我们贴在地面上。

阿列克谢·阿尔希波维奇·列昂诺夫

列昂诺夫是第一位在太空中行走的人类。当时，他穿着航天服，将绳子的一端绑在身上，另一端绑在飞船上。

太空度假

丹尼斯·蒂托是世界上第一位以游客身份进入太空的人。乘火箭旅游需要花很多钱哦!

训练出良好的体能

　　如果想去太空，你需要做大量的运动，让肌肉变得更结实。太空中没有重力，宇航员行走很困难。这就是为什么宇航员在乘火箭升空之前需要接受大量训练，还要在水槽里模拟在太空中行走的动作。

失重水槽训练

　　在水槽里训练，可以感受到在外太空失重的状态。

宇航员

在太空中旅行，需要穿航天服保护自己。

航天服

航天服的密封性很好，可以使宇航员不受温度变化、真空和微流星等环境因素的影响。

载人机动装置：这套系统可以让我在太空中独自活动。

火箭推进剂燃料罐：我在飞船外行走时，可以把推进剂存放在这个燃料罐里。

可调式支杆：可调式支杆可以调节成适合我手臂的尺寸。

推进器：只需按一下推进器，我不用自己走就能向前移动。

航天面窗：可以保护我的脸。

头盔：航天服的一部分，保护我的头部。

手套：可以保护我的双手。

鞋：可以保护我的双脚。

在飞船上，人类怎么生活呢？

太空中没有重力，所有物体都飘浮在空中！

飞船上有很多的绑带，可以用它们来固定物体。

如果想喝点东西，需要用吸管吸出密封的容器里面的液体。

虽然在长途旅行中，飞船上有洗漱间，但平常大多还是用湿毛巾和清洁液清洁身体。

宇航员上厕所的时候，需要用真空尿液收集器存放小便，不然的话……

睡觉的时候，宇航员要钻到睡袋里，只露出头部，避免两条胳膊飘起来误碰仪器开关。

丽塔：

我试了那种特制的衣服，也进行了失重训练。我都准备好了！

姑姑：

你真的都准备好了吗？我的侄女多勇敢啊！

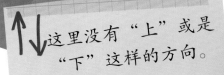

这里没有"上"或是"下"这样的方向。

13

太空发射器

太空发射器可以快速地将宇宙飞船送入太空。

它的工作原理同气球一样：当你放出气体，气球就会朝反方向运动，不是吗？

这就是发射器发射火箭的原理。

火箭

火箭需要燃烧大量的燃料来克服地球的重力，升入太空。

它们进入轨道时的速度超过了28000千米/小时，你能想象到吗？

欧洲的火箭

阿丽亚娜系列火箭是欧洲最重要的火箭之一。

它们在法属圭亚那的库鲁基地发射升空。

丽塔：

姑姑，我不知道自己是否有足够的勇气，因为我还有一点点害怕呢！

姑姑：

加油，丽塔！一切都会好起来的。

一次性发射器

几乎所有的发射器都是由几个部分（也叫阶段）组成的。每个阶段都有一个动力装置，它们组合在一起就有了更大的能量。

当一个阶段的燃料消耗完后，就会和其他的部分分离，以减轻太空船的重量。这些零部件会掉到大海里或是在太空中被燃烧掉。

最小的发射器

最小的发射器的名字叫织女星（Vega），30米长，起飞时重量为137吨，大约是鲸鱼的两倍！

库鲁基地在哪？

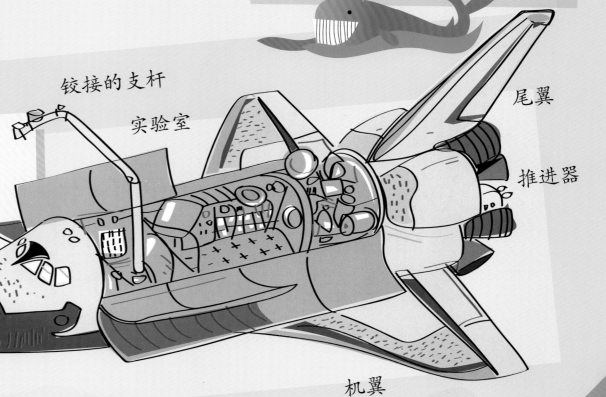

铰接的支杆

实验室

尾翼

推进器

可重复使用的发射器

美国航天飞机使用的是可以重复使用的发射装置，但每次飞行所需的费用非常高。2012年9月，它停止了工作。

机翼

太阳系

太阳系

　　我们的家园——地球属于太阳系。因为太阳位于中心位置，所以被称作"太阳系"。

　　太阳周围有很多星体围绕着它旋转，其中包括8颗行星。

　　在太阳系，还有成千上万颗彗星和小行星。

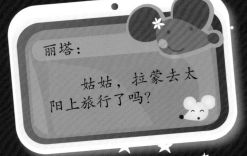

丽塔：

　　姑姑，拉蒙去太阳上旅行了吗？

太阳是什么？

　　太阳是一个巨大的气态球体。

什么是彗星？

　　彗星是一种由冰和石头组成的小天体。当它经过太阳时，部分物质就会升华，形成一个气态的尾巴。

什么是小行星？

　　小行星的主要成分是岩石，它像行星一样围绕着太阳旋转。

什么是流星体？

　　流星体是最小的星体，它撞击地球后的未被损坏或残余的物质，被称为陨石。

　　相传，恐龙因为受到陨石撞击地球的影响而灭绝。如果那是真的，那流星体的体积也应该是很大的！

地球

地球是我们生活的地方

除了围绕着太阳公转，地球也进行自转运动，但我们都感觉不到地球在自转。

什么是大气层？

大气层是环绕在地球表面的气体层。因为它的存在，我们才能呼吸，并且免受太阳的辐射。它还能阻挡陨石。

幸好有可以呼吸的空气、温暖我们的太阳和充足的水，我们才能够在地球上生活。

蓝色星球

我们也把地球称为"蓝色星球"，因为当我们从太空中看地球时，它是蓝色的。

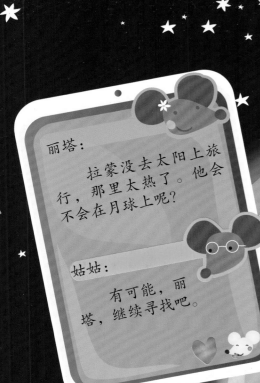

丽塔：

拉蒙没去太阳上旅行，那里太热了。他会不会在月球上呢？

姑姑：

有可能，丽塔，继续寻找吧。

极地冰盖

水在这里都结成了冰，因为这里气温极低。

365天

地球每365天绕太阳公转一周（闰年366天）

好多的水啊！

地球表面大部分都被水覆盖着。

最有生命力的星球！

什么是月球？

下一站
月球

19

月球

阿波罗11号

你知道吗？这艘飞船的飞行速度可达40000千米/小时！

月球是地球的卫星，所以它围绕着地球公转的同时，也在进行着自转。

虽然在月球上已经发现了冰层，但月球上面既没有大气层，也没有水。

月球上干燥多尘，它的表面像格鲁耶鲁奶酪一样凹凸不平。

第一个登月的人

他的名字是尼尔·奥尔登·阿姆斯特朗。

他于1969年7月登上月球，在"阿波罗11号"上待了3天。他不是一个人登月的，而是在迈克尔·柯林斯和巴兹·奥尔德林的陪伴下完成的登月壮举。登月只是一个人的一小步，却是人类的一大步。

我们总是看到月球的同一面。

他们用这样的夹子在月球上采集样本。

水星

水星

它是太阳系中体型最小的行星，也是最接近太阳的行星。

它比地球小，但比月球大。它的大小大约是地球的 1/18！

冷热不同

水星上不同区域的温度也有很大差别。

靠近太阳的区域可以达到427摄氏度，而在阴影区，温度接近零下200摄氏度。

生物在这里无法生存！

为什么称水星为"众神的使者"？

金星

金星

　　它在大小、密度和体积方面与地球最相似，都是由同一个星云团形成的。但却是差异非常大的"兄弟俩"！

山谷、火山和山脉

　　金星是由火山岩构成的，因此，它的表面有流经山谷的熔岩河。

　　金星上有两个高原，还有一座比喜马拉雅山还高的山脉，名为麦克斯韦山脉。

　　金星的大气中二氧化碳含量非常高。大量吸入二氧化碳对人体有害。如果在没有任何保护的情况下前往金星，我们将无法呼吸。

　　不过，少量的二氧化碳能造出饮料中的气泡，很多人都很喜欢。嗯！

TAP 9

225 天

金星每225天绕太阳公转一周

启明星或长庚星

　　在日出或日落时，金星有时会特别明亮，在中国古代，又被称作"启明"或"长庚"。

这里的高温能熔化铅块！

　　金星上的温度特别高，能达到485摄氏度，我都要被烧焦了！！！

最热的星球！

丽塔：

　　金星上也不适合生存！这里比芝士锅里的温度还要高！

姑姑：

　　丽塔，拉蒙肯定不在这里。继续寻找吧。

下一站
火星

火星

火星比地球小得多

它的温度非常低，特别是在极地。

火星上没有稳定的液态水，水在这里主要以冰的形态存在。

火星大气层

火星的大气层非常稀薄，主要成分是二氧化碳，人类在这里无法呼吸。

据说，数百万年前，火星上也有厚厚的大气层，还有河流和云层。

火星上存在生命体吗？

科学家们认为，火星上曾经存在大量液态水。他们也相信火星上也许有某种生物存在。因此，科学家们向火星发射好奇号探测器，开展调查。

"好奇号"

这个探测器去火星的任务是采集样本，以便研究火星上的生物类型。

"好奇号"于2012年8月在火星着陆。

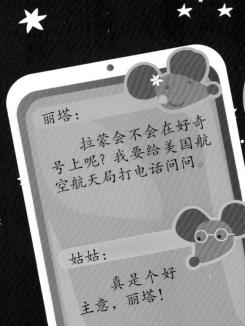

丽塔：
　　拉蒙会不会在好奇号上呢？我要给美国航空航天局打电话问问。

姑姑：
　　真是个好主意，丽塔！

人类探索最多的行星！

687天

火星每687天绕太阳公转一周

火卫一和火卫二

　　火卫一和火卫二是火星的两颗卫星。它们体积很小，绕火星公转的速度非常快。

火卫二

火卫一

为什么称火星是红色星球？

下一站
木星

木星

木星是太阳系中最大的行星

木星有1321个地球那么大！它的自转速度也非常快，每10个小时就可自转一圈！和太阳一样，木星也是气态的星体。

好晕啊！

木星大气层

木星大气层中充满了乱流和风暴。因此，我们能看到不同颜色的条纹。

木星的大红斑实际上是木星上持续了三百多年并引发了飓风的巨大风暴气旋。

木星的卫星

木星已被发现了79颗卫星。伽利略用望远镜发现了其中的4颗。

木星最大的卫星是木卫三。它是由火山岩和冰体构成的。

土星

欧洲惠更斯号探测器登陆土卫六（又称泰坦星），目的是研究其大气层。

泰坦星

土星是太阳系中的第二大行星

它和木星一样，是一个气态行星。它因带有在地球上可观测到的光环而被人们所熟知。

一个运动中的世界

土星的表面十分坚固，由岩石块和冷冻液体构成。但这种液体不是水，而是甲烷。

据说，土卫六是除地球外，唯一一个在地表会下雨的星球。

土星光环

土星的光环由冰和岩石构成。

科学家们认为是由一些余留的小天体所构成的。

土星的卫星

土星已被发现有62颗卫星。土卫六是土星最大的卫星，也是太阳系第二大的卫星。

它的大气层成分与地球形成时相似。科学家们认为虽然它的温度低至约零下200摄氏度，但它仍可以为我们提供生命起源的线索。

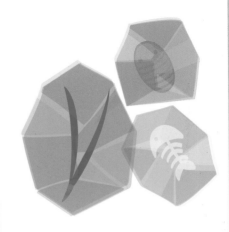

天王星

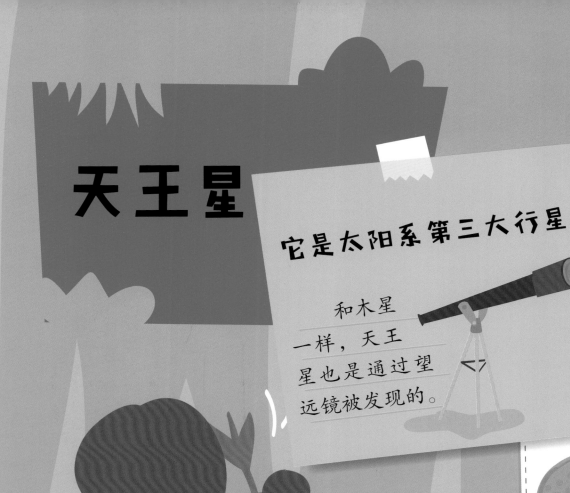

它是太阳系第三大行星

和木星一样，天王星也是通过望远镜被发现的。

天王星的发现者

天王星很早就被观测到了，但最初它被认为是一颗恒星。威廉·赫歇耳在1781年发现了它，他认为它是一个星云样的星体或一颗彗星。后来在众多科学家的努力下，才认定它是一颗行星。

天王星的卫星

它有27颗天然卫星，仅有5颗非常大。

最大的卫星是天卫三，其次是天卫四、天卫二、天卫一、天卫五。

天王星大气层

跟土星和木星一样，天王星也是气态星体。

天王星虽然是气态星体，却没有类木行星那样的巨大液态气体在其表面覆盖。真奇怪！

丽塔:

　　"惠更斯"号探测器上也没有拉蒙的踪迹。

　　我给欧洲航天局打了电话。他们告诉我"惠更斯"号上没有任何工作人员。

姑姑:

　　你去海王星上找过了吗?

84年

天王星每84年绕太阳公转一周。

天王星离太阳很远

　　从地球上看天王星,更像一颗遥远的恒星。

为什么说天王星是最奇特的行星呢? 仔细观察它!

最奇特的星体!

下一站
海王星

33

海王星

海王星是太阳系中距离地球最远的行星

从地球出发，飞船大约需要8年才能到达这里！

它是一个气态行星，除了气态混合物外，还有甲烷。这也是它整体呈现蓝色的原因之一。

风暴

我们看到海王星上的大黑斑，都是风暴造成的。几年前，科学家发现了与地球大小差不多的大黑斑。

最强风

在海王星上测量到了整个太阳系的最强风。

你能想象到，它的风速高达2100千米/小时吗？

旅行者2号

这个探测器发现了海王星14颗卫星中的6颗，它也观测到了海王星光环。

海王星最大且最知名的卫星是海卫一，它很早之前就被发现了。

你了解冥王星吗?

海王星每164年绕太阳公转一周

数学万岁！

这是通过数学计算发现的第一颗行星。

×:＋%－

丽塔：

海王星太远了，我觉得拉蒙不在那里。

姑姑：

丽塔，你听说过国际空间站吗？拉蒙可能去那里了……

寒冷的星球！

海王星的温度可达到零下218摄氏度。

−218℃

下一站
国际空间站

35

拉蒙，国际空间站的一名科学家

我的堂哥拉蒙是在哥伦布号实验舱中工作的一名科学家。

哥伦布号实验舱于2008年发射，计划运行至2020年。

哥伦布号实验舱拍摄了地球、太阳以及附近星系的照片。

我终于找到拉蒙啦！

哥伦布号实验舱包括：

生物实验室：在这里可以完成有关小型植物和动物的实验。

流动性科学实验室：在这里可以进行各种液体在失重条件下的研究。

船舱：在太空船舱内可以研究失重条件下的身体反应。

丽塔:

姑姑，我找到拉蒙了！

姑姑:

终于找到他了，希望他一切都好。我迫不及待地想见到你，听你讲一讲沿途所有的事情。

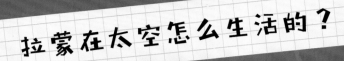

他怎么喝水？

他怎么洗澡？

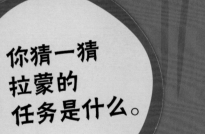

你猜一猜拉蒙的任务是什么。

他怎么睡觉？

他吃什么东西？

他怎么移动？

他做运动吗？

下一站
家

3 9

图书在版编目（CIP）数据

丽塔的第一次太空之旅/（西）吉娜·桑巴文；（西）马尔塔·坦萨图；张锦兰译. —南昌：江西高校出版社，2019.4

ISBN 978-7-5493-8395-5

I.①丽… Ⅱ.①吉… ②马… ③张… Ⅲ.①宇宙－儿童读物 Ⅳ.①P159-49

中国版本图书馆CIP数据核字(2019)第043164号

策划编辑：王 艳　　　　　　责任编辑：梅芬芬　王 艳
美术编辑：张 沫　　　　　　责任印制：戴美玲

出版发行：江西高校出版社　　社　　址：南昌市洪都北大道96号（330046）
网　　址：www.juacp.com　　读者热线：(010)64460237
销售电话：(010))64461648

印　　刷：北京宝丰印刷有限公司　　开　　本：787 mm×1092 mm　1/8
印　　张：6　　　　　　　　　　版　　次：2019年5月第1版
印　　次：2019年5月第1次印刷　　书　　号：ISBN 978-7-5493-8395-5
定　　价：68.00元

赣版权登字－07-2019-156　　　版权所有　侵权必究